全国中等职业学校机械类专业通用

全国技工院校机械类专业通用（中级技能层级）

AutoCAD 上机实训图集

（修 订 版）

主编 王纯民

中国劳动社会保障出版社

简介

《AutoCAD上机实训图集（修订版）》主要内容包括：二维基本绘图、图形编辑与修改、二维高级绘图、文字与表格、尺寸标注、绘制三视图、绘制轴测图、绘制剖视图与断面图、绘制零件图与装配图、绘制三维实体。本书可与中等职业技术学校各版本的 AutoCAD 教材配套使用，也可作为广大工程技术人员及相关工作人员学习 AutoCAD 的参考用书。

本书由王纯民主编，倪建强、房西刚副主编，宋士强、魏宗恒、刘伟、李娜、蔡强、季帅、崔兆华参加编写，付荣主审。

图书在版编目（CIP）数据

AutoCAD上机实训图集 / 王纯民主编.-- 修订本.-- 北京：中国劳动社会保障出版社，2019
全国中等职业学校机械类专业通用　全国技工院校机械类专业通用. 中级技能层级
ISBN 978 - 7 - 5167 - 3941 - 9

Ⅰ.①A…　Ⅱ.①王…　Ⅲ.①AutoCAD 软件-中等专业学校-教材　Ⅳ.①TP391.72

中国版本图书馆 CIP 数据核字（2019）第 054960 号

中国劳动社会保障出版社出版发行

（北京市惠新东街 1 号　邮政编码：100029）

*

三河市潮河印业有限公司印刷装订　　新华书店经销

787 毫米×1092 毫米　16 开本　6.75 印张　150 千字
2019 年 4 月第 2 版　　2024 年 5 月第 6 次印刷
定价：13.00 元

营销中心电话：400-606-6496
出版社网址：http://www.class.com.cn
http://jg.class.com.cn

目　录

二维基本绘图

1—1 利用直线命令绘制下列图形。

（1）

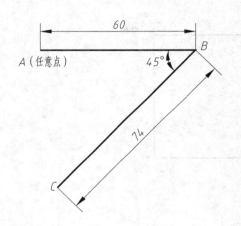

（2）

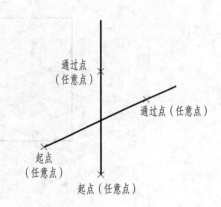

1—2 利用多段线命令绘制下列图形。

（1）

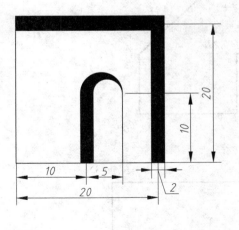

（2）

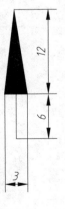

（3）

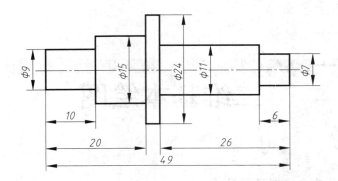

1—3 利用点的绝对坐标或相对坐标绘制下列图形。

（1）

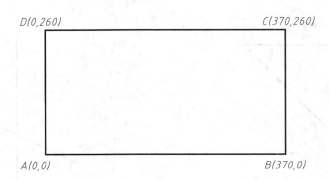

（2）

（3）

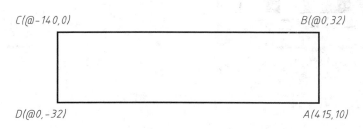

（4）

（5）

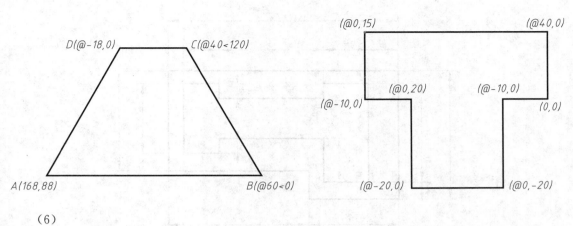

（6）

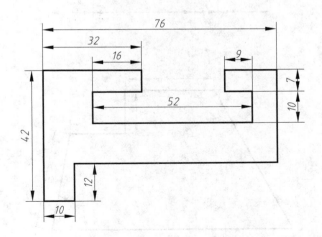

1—4 利用正交和极轴命令绘制下列图形。

（1）

（2）

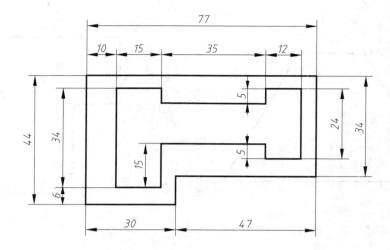

（3）

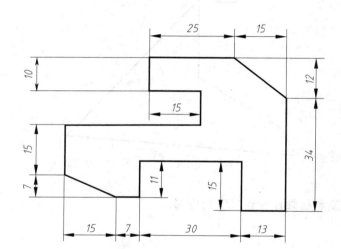

（4）

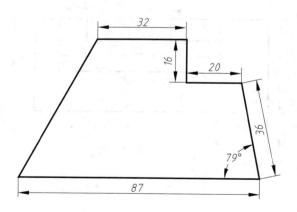

— 4 —

（5）

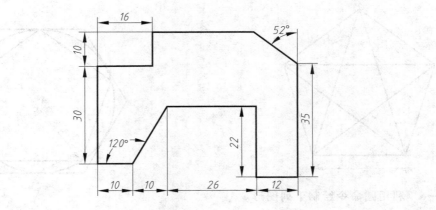

（6）

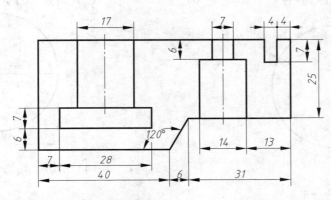

1—5　利用正多边形命令绘制下列图形。

（1）

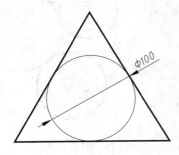

（2）

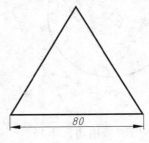

（3）

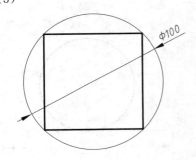

（4）

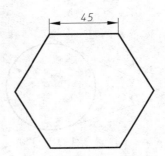

（5）

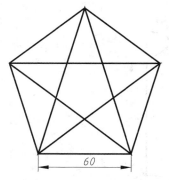

（6）

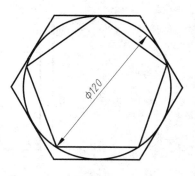

1—6　利用圆命令绘制下列图形。

（1）圆心，半径（直径）

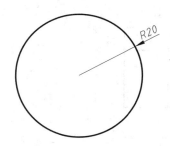

（2）两点（2P）

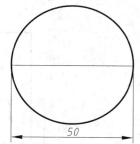

（3）三点（3P）

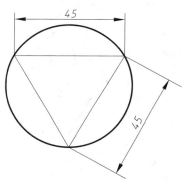

（4）相切，相切，半径

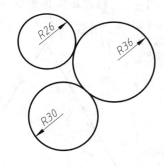

（5）相切，相切，半径

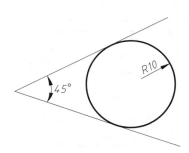

（6）相切，相切，相切

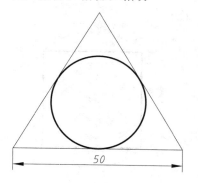

1—7 利用矩形命令绘制下列图形。

（1）画矩形，线宽为 0.5 mm

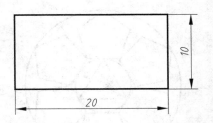

（2）画矩形，线宽为 2 mm

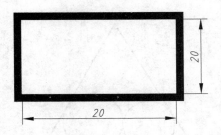

（3）画倒角矩形

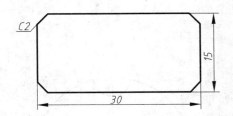

（4）画圆角矩形

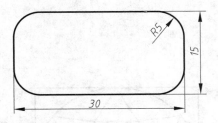

1—8 利用点的定数等分命令绘制图形（未知尺寸请自定）。

（1）

（2）

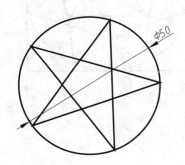

1—9 利用点的定距等分命令绘制图形（未知尺寸请自定）。

（1）

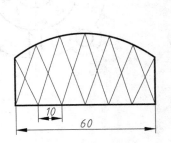

（2）

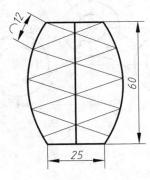

1—10 按要求绘制下列图形。

（1）

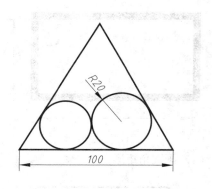

（2）

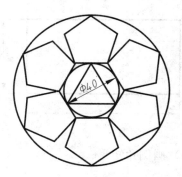

（3）

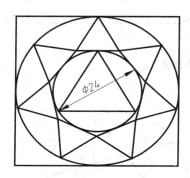

（4）

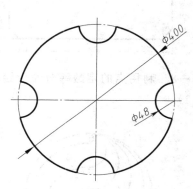

（5）

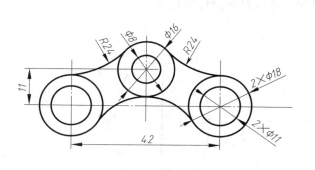

（6）

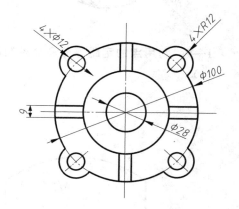

(7)

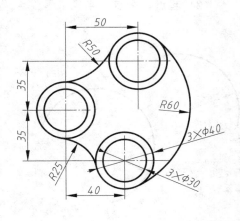

(8)

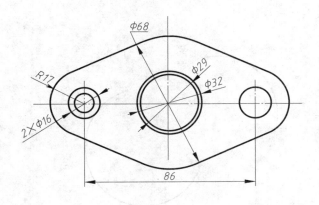

(9)

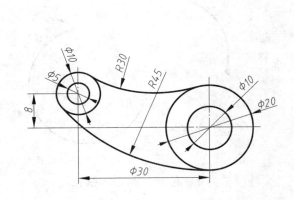

(10)

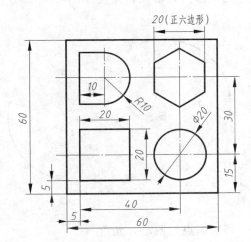

(11)

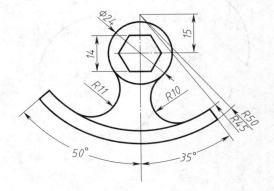

(12)

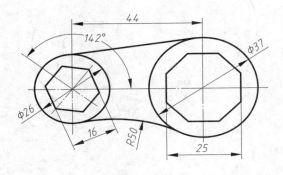

1—11 利用圆弧命令绘制下列图形。

（1）三点

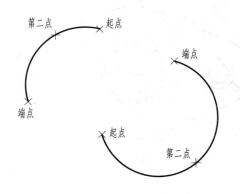

（2）起点，端点，半径

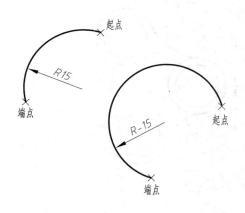

（3）起点，端点，角度

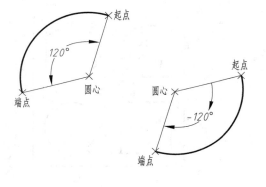

（4）起点，圆心，端点

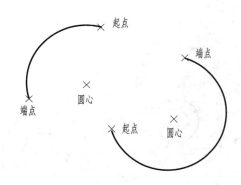

（5）起点，圆心，角度

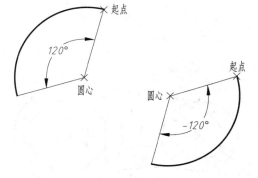

（6）起点，圆心，弦长

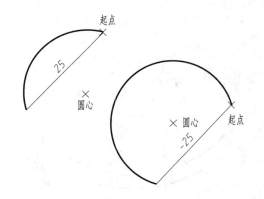

1—12 利用圆弧命令绘制下列图形。

（1）

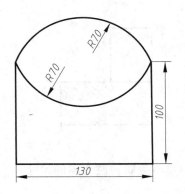

（2）

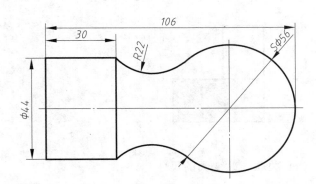

1—13 利用椭圆命令绘制下列图形。

（1）

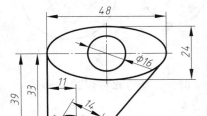

（2）

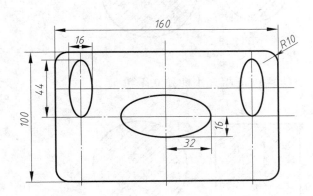

1—14 利用样条曲线命令绘制下列图形。

（1）尺寸任意，形似即可

（2）拟合公差为 0.300 0 mm

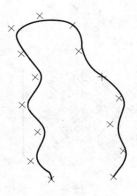

1—15 利用图案填充命令绘制下列图形。

（1）添加：选择对象

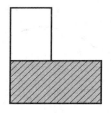

（2）添加：拾取点

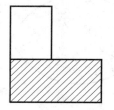

（3）关联：改变圆的尺寸

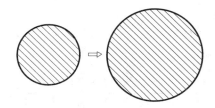

（4）不关联：改变圆的尺寸

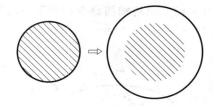

（5）a、b 填充不能独立编辑

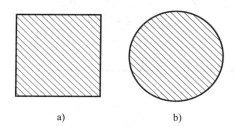

a)　　　　　　　b)

（6）a、b 填充可以独立编辑

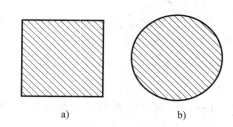

a)　　　　　　　b)

（7）

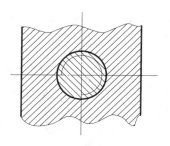

（8）

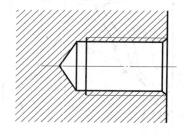

（9）

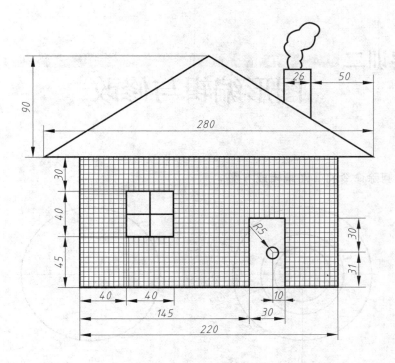

（10）

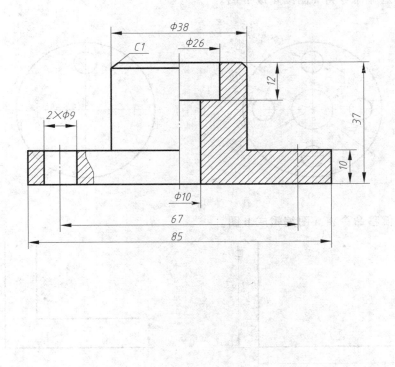

图形编辑与修改

2—1 用删除命令将 a 图编辑成 b 图。

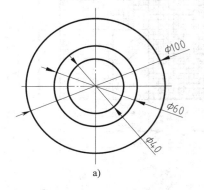

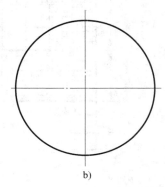

a)   b)

2—2 用删除命令将 a 图编辑成 b 图。

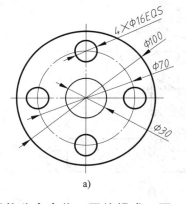

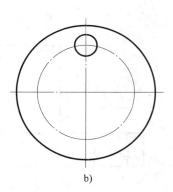

a)   b)

2—3 用偏移命令将 a 图编辑成 b 图。

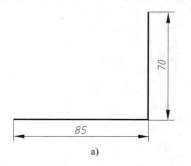

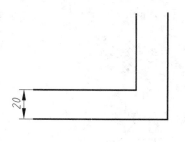

a)   b)

2—4 用偏移命令将 a 图编辑成 b 图。

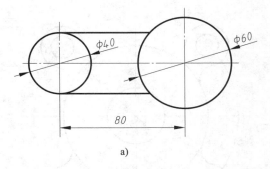

a)

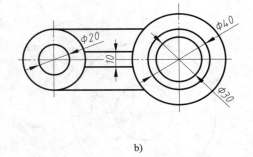

b)

2—5 用修剪命令将 a 图编辑成 b 图。

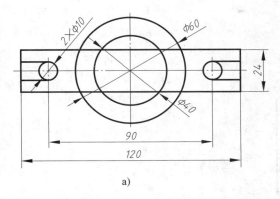

a)

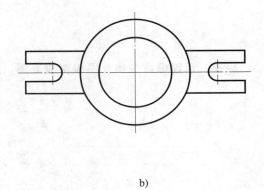

b)

2—6 用修剪命令将 a 图编辑成 b 图。

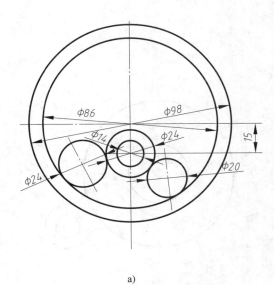

a)

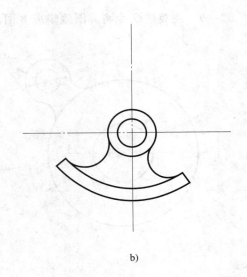

b)

2—7 用镜像命令将 a 图编辑成 b 图。

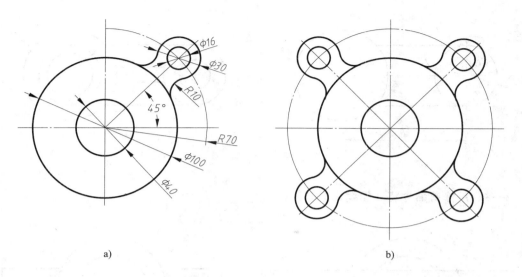

a)   b)

2—8 用镜像命令将 a 图编辑成 b 图。

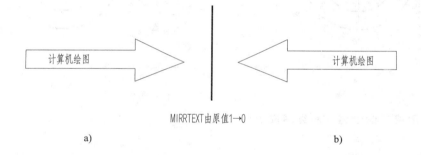

MIRRTEXT由原值1→0

a)   b)

2—9 用旋转命令将 a 图编辑成 b 图。

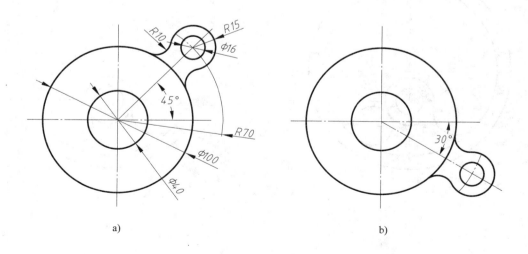

a)   b)

2—10 用镜像和旋转命令将 a 图编辑成 b 图。

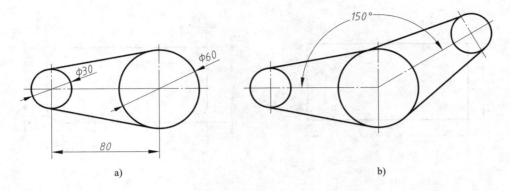

a)
b)

2—11 用阵列命令将 a 图编辑成 b 图。

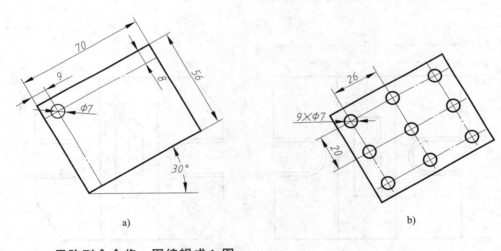

a)
b)

2—12 用阵列命令将 a 图编辑成 b 图。

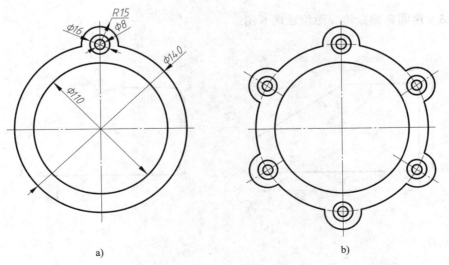

a)
b)

2—13 用倒角命令将 a 图编辑成 b 图。

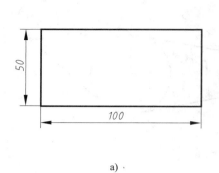

a)

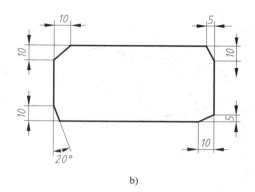

b)

2—14 用倒角命令将 a 图编辑成 b 图。

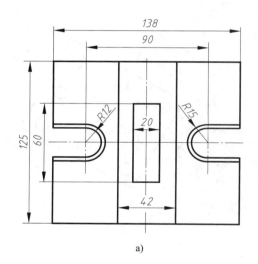

a)

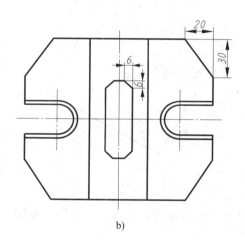

b)

2—15 用圆角命令将 a 图编辑成 b 图。

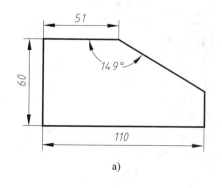

a)

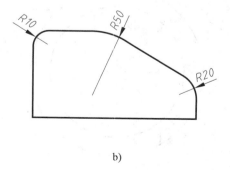

b)

2—16 用圆角命令将 a 图编辑成 b 图。

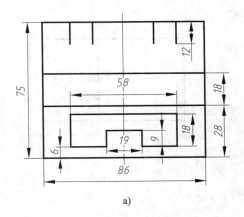

a)

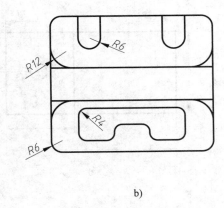

b)

2—17 用延伸及修剪命令将 a 图编辑成 b 图（未注尺寸自定）。

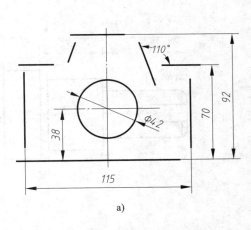

a)

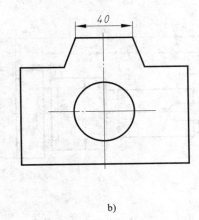

b)

2—18 用延伸及修剪命令将 a 图编辑成 b 图（未注尺寸自定）。

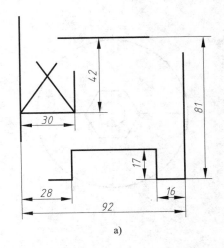

a)

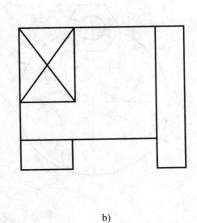

b)

2—19　用拉伸命令将 a 图编辑成 b 图。

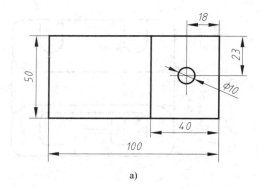

a)

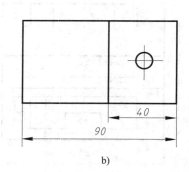

b)

2—20　用拉伸命令将 a 图编辑成 b 图。

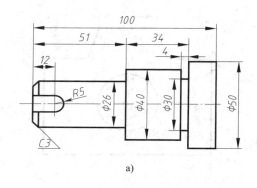

a)

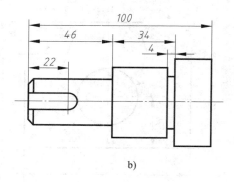

b)

2—21　用移动命令将 a 图编辑成 b 图。

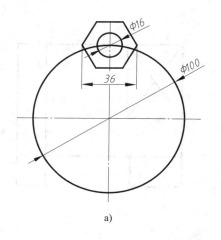

a)

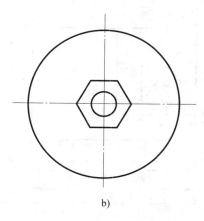

b)

2—22 用移动命令将 a 图编辑成 b 图。

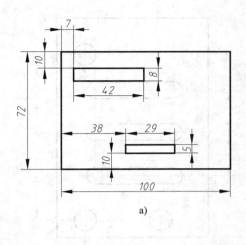

a)

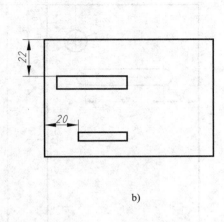

b)

2—23 用复制命令将 a 图编辑成 b 图。

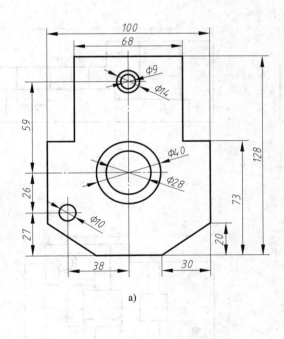

a)

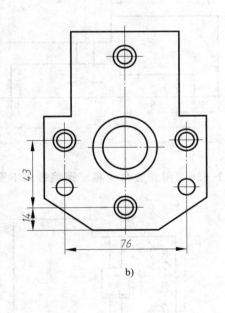

b)

2—24 用复制命令将 a 图编辑成 b 图。

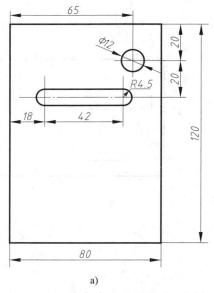

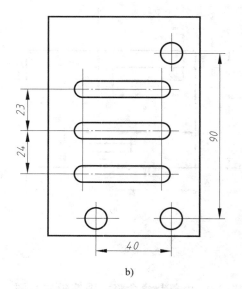

a)   b)

2—25 用缩放命令将 a 图编辑成 b 图。

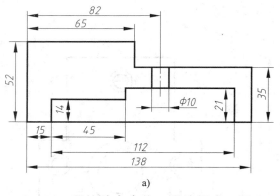

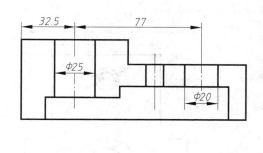

a)   b)

2—26 用缩放命令将 a 图编辑成 b 图。

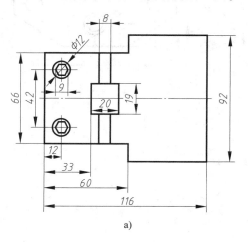

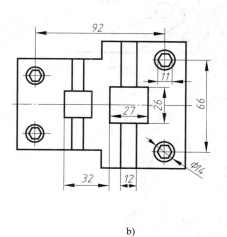

a)   b)

2—27 用打断命令将 a 图编辑成 b 图。

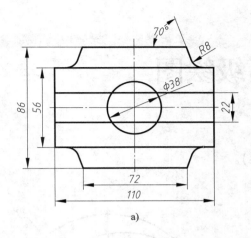
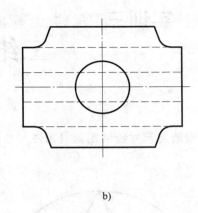

a)   b)

2—28 用打断命令将 a 图编辑成 b 图。

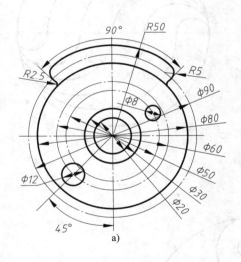
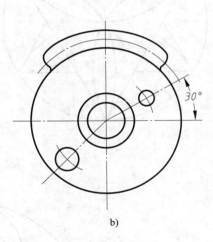

a)   b)

二维高级绘图

根据给定尺寸绘制图形（未注尺寸请自定）。

（1）

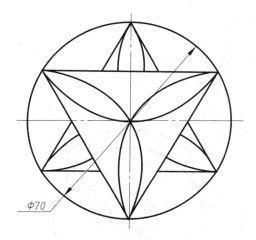

（2）

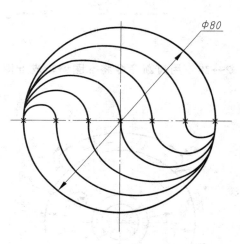

（3）

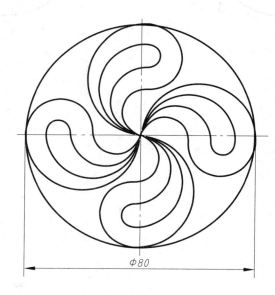

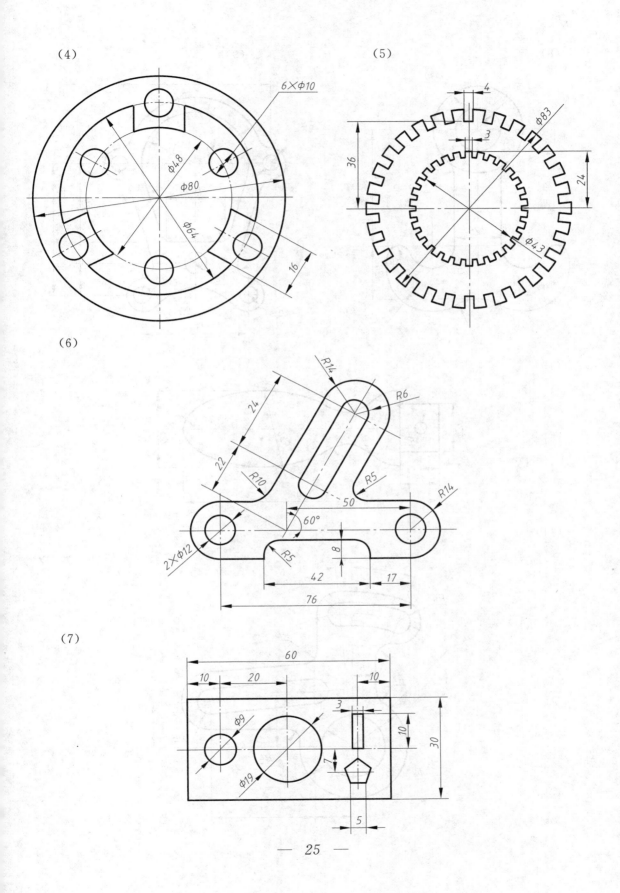

(4)

6×Φ10

Φ48

Φ80

Φ64

16

(5)

4

Φ83

3

36

24

Φ43

(6)

R14

R6

24

22

R10

R5

50

R5

60°

8

2×Φ12

R5

42

17

76

(7)

60

10

20

10

3

Φ9

10

30

7

Φ19

5

(8)

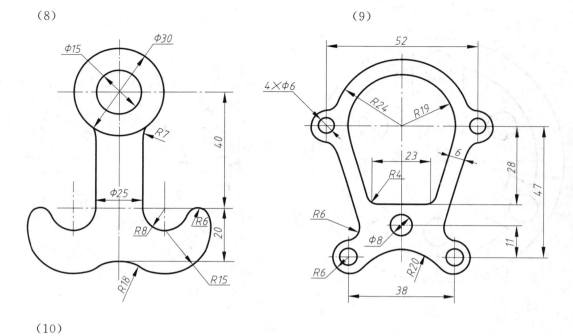

(9)

(10)

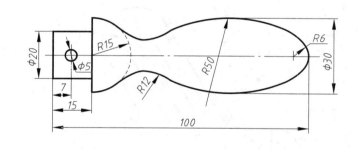

(11)

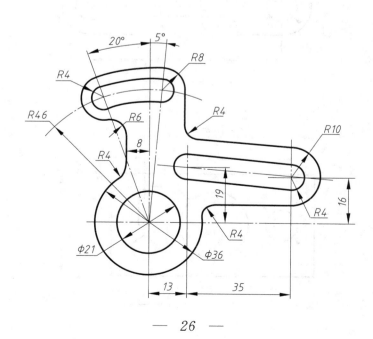

（12）

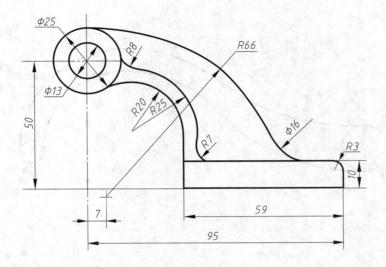

（13）

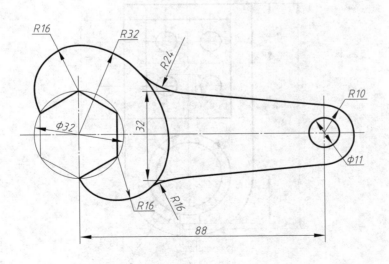

（14）

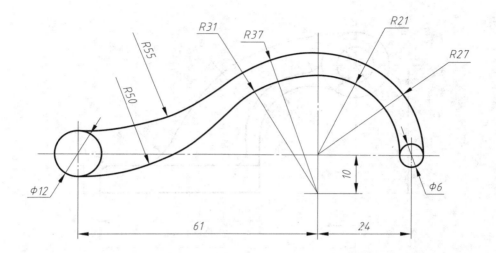

（15）

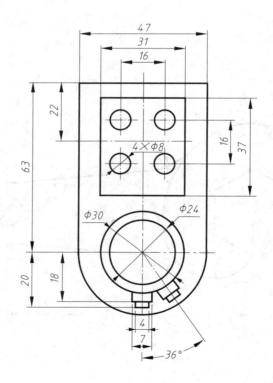

(16)

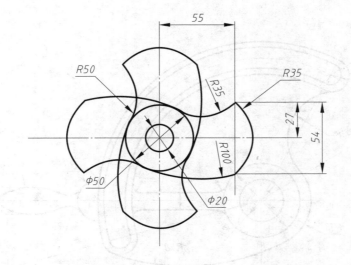

(17)

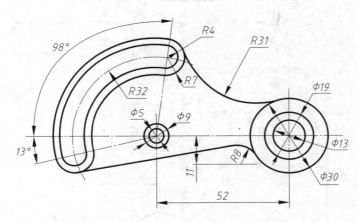

(18)

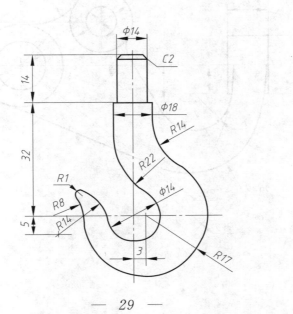

（19）

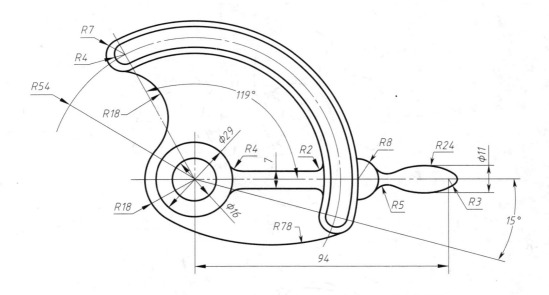

（20）

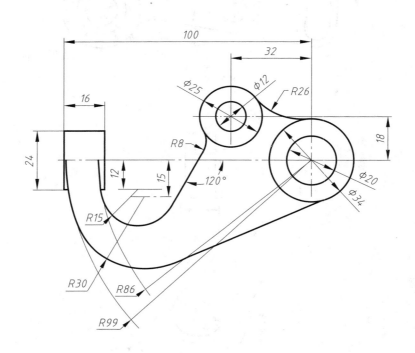

（21）

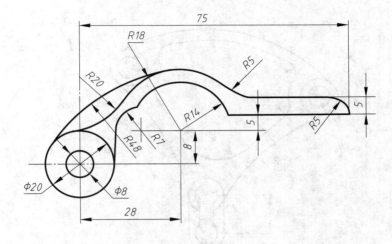

（22）

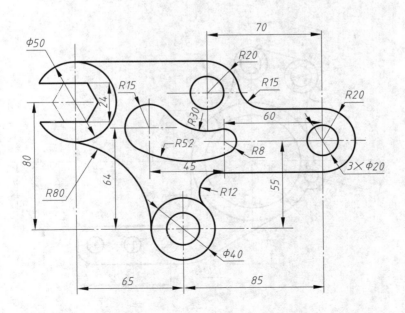

（23）

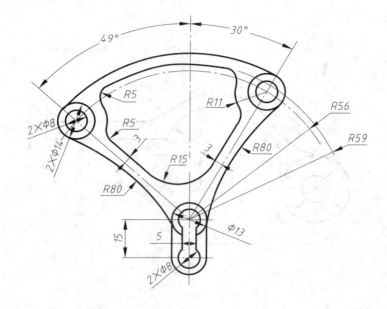

（24）

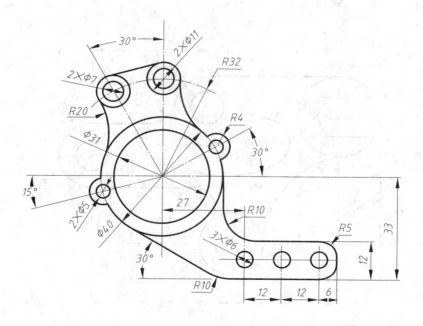

实训四

文字与表格

4—1 绘制标题栏。

4—2 绘制学生用标题栏。

4—3 绘制明细栏。

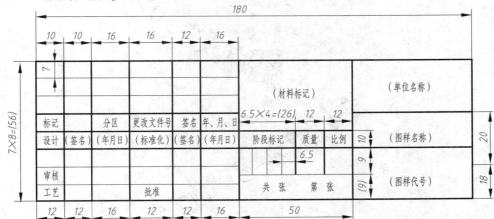

4	09-04-04	盘座	1	45	
3	09-04-03	衬套	1	Q235	
2	09-04-02	夹套	1	Q235	
1	09-04-01	手动压套	1	Q235	
序号	代号	名称	数量	材料	备注

4—4 输入以下文字。

旋转角度为15°的单行文字，字高为10。

旋转角度为30°的文字

旋转角度为-30°的文字

垂直文字

旋转角度为0°的文字

倾斜角度的文字　　文字的度角斜倾

倾斜文字123　　倾斜文字123

标准文字　宽文间反　宽 文 字　窄文字

4—5 按对齐设置编辑文字。

基线的第一个端点1　　　　　　　　基线的第二个端点2

4—6 按调整设置编辑文字，将 **a** 图调整成 **b** 图。

₁ABCDEFghijklmnopqrst₂

a)

₁ABCKmn₂

b)

4—7 定义一个名为"技术要求"的文字样式，字体为"仿宋字 _ GB 2312"，字体高度为 **0**，输入时"技术要求"字体为 **8**，其余条款字体高度为 **6**。

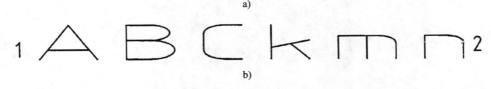

技术要求

1. 螺纹须光洁，不得有凹陷、硬挤痕及氧化皮。

2. 渗碳层深度为0.8~1.2，硬度为57~63HRC。

3. 渗氮处理。

4—8 输入下列数字、符号。

$$¥ \quad \$ \quad \# \quad \S \quad \& \quad \triangle$$

$$\phi(30 \pm 1.5) \quad 60° \quad 90\% \qquad \underline{中文版}$$

$$37℃ \qquad \phi 50^{+0.039}_{0} \qquad 36 \pm 0.07$$

$$\frac{日}{月} \qquad \phi 60 \frac{H7}{f6}$$

4—9 绘制表格并填写段落文字。设置文字高度分别为 **4** 和 **3**，字体为楷体。

	物料堆积密度	γ	2 400 kg/m^3
	物料最大块度	α	580 mm
技术性能	许可环境温度		$-30\sim45℃$
	许可牵引力	F_x	45 000 N
	调速范围	n	$\leqslant 120$ r/min
	生产率	ξ	$110\sim180$ m^3/h

尺 寸 标 注

5—1 绘制下列图形并利用线性标注命令标注尺寸。

（1）

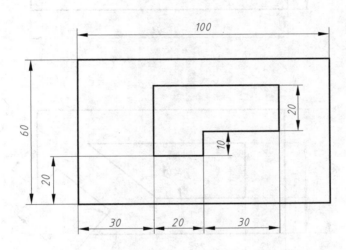

（2）

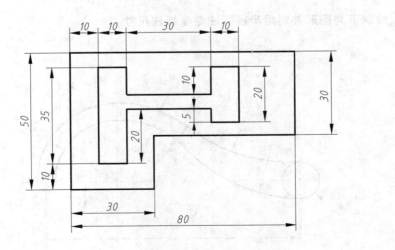

5—2 绘制下列图形并利用对齐标注命令标注尺寸。

（1）

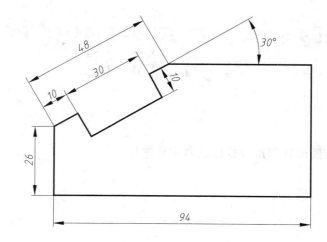

（2）

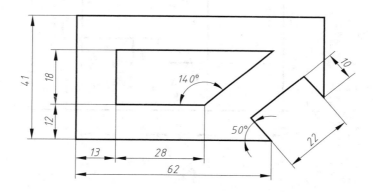

5—3 绘制下列图形并利用半径标注命令标注尺寸。

（1）

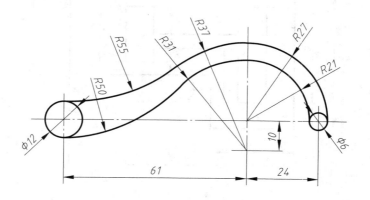

（2）

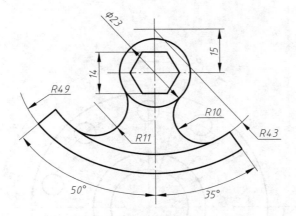

5—4　绘制下列图形并利用直径标注命令标注尺寸。

（1）　　　　　　　　　　　　　　　　　　　　　　　　（2）

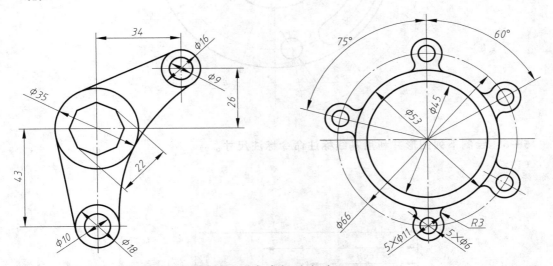

5—5　绘制下列图形并利用角度标注命令标注角度。

（1）

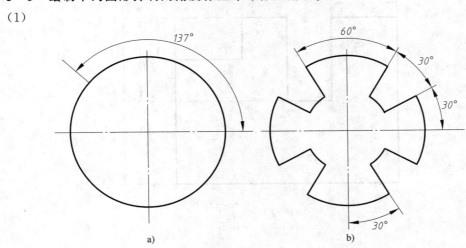

a)　　　　　　　　　　　　　　　　b)

（2）

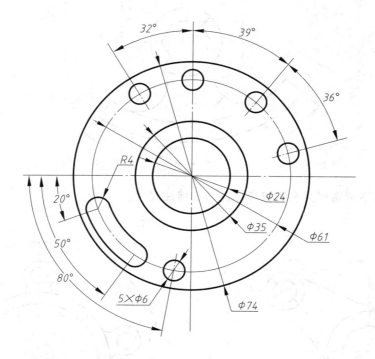

5—6 **绘制下列图形并利用基线标注命令标注尺寸。**

（1）

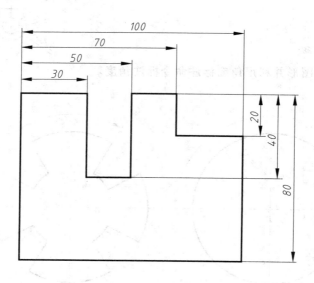

（2）

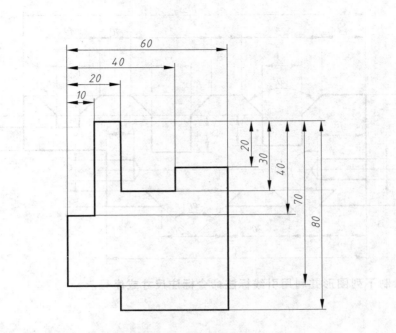

5—7 绘制下列图形并利用连续标注命令标注尺寸。

（1）

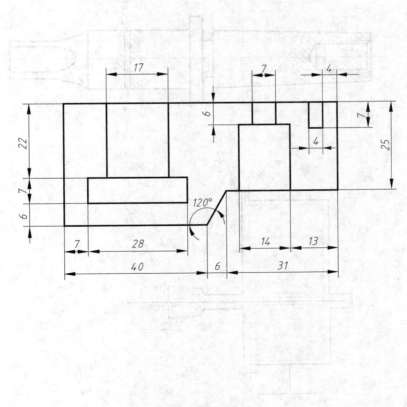

（2）

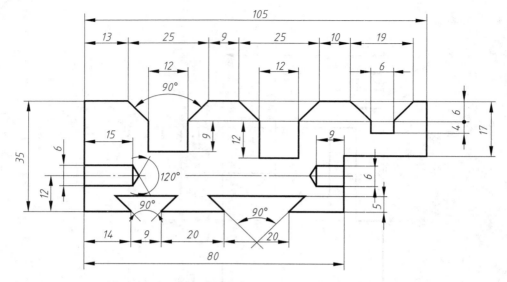

5—8 绘制下列图形并利用引线标注命令标注尺寸或序号。

（1）

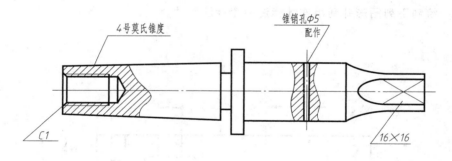

（2）

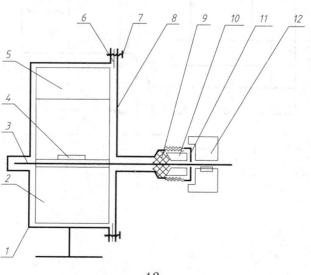

5—9 绘制下列图形并利用尺寸公差标注命令标注尺寸（未注尺寸请自定）。

（1）   （2）

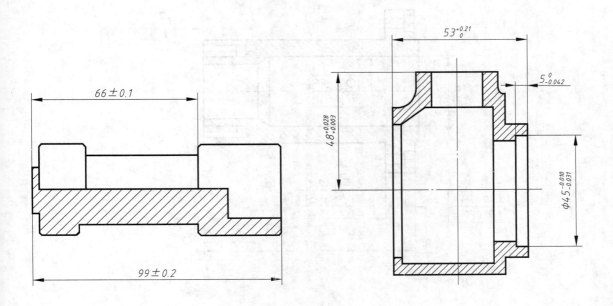

5—10 绘制下列图形并利用几何公差标注命令标注尺寸。

（1）

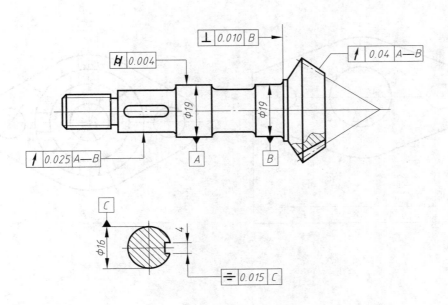

（2）

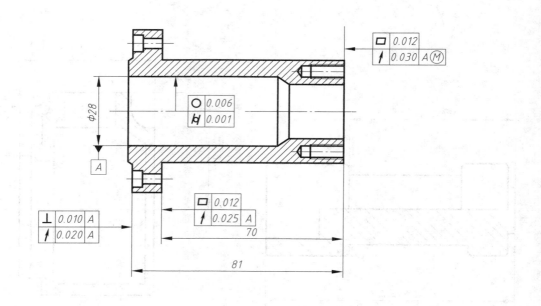

5—11 绘制下列图形并综合运用各种标注命令标注尺寸。

（1）　　　　　　　　　　　　　　　　　　　（2）

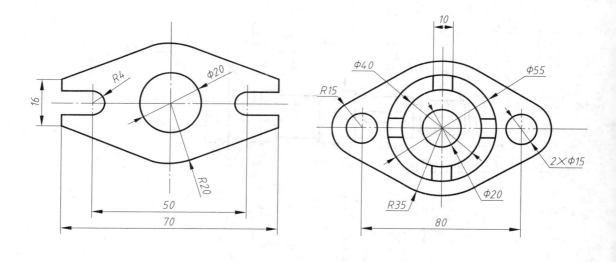

（3）

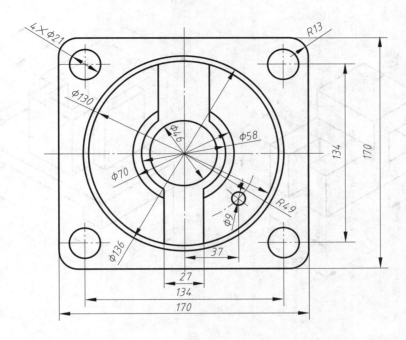

（4）

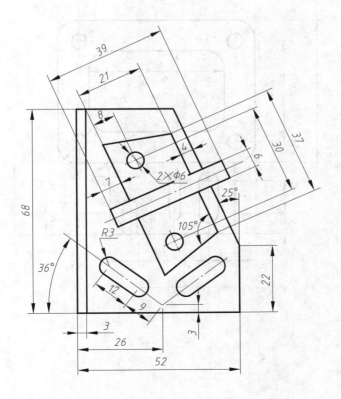

（5）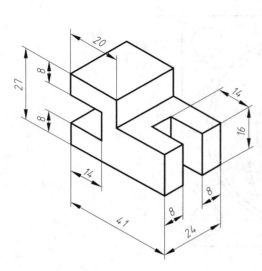

（6）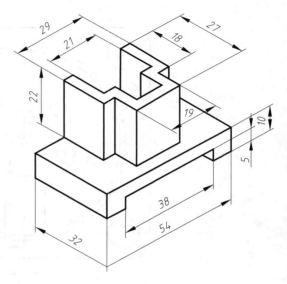

（7）

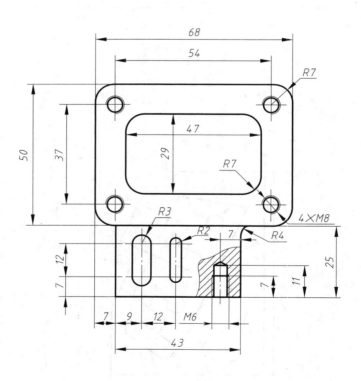

(8)

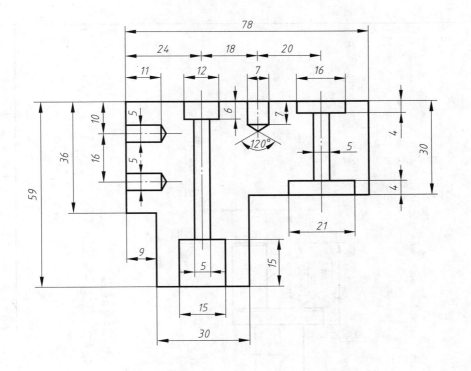

(9)

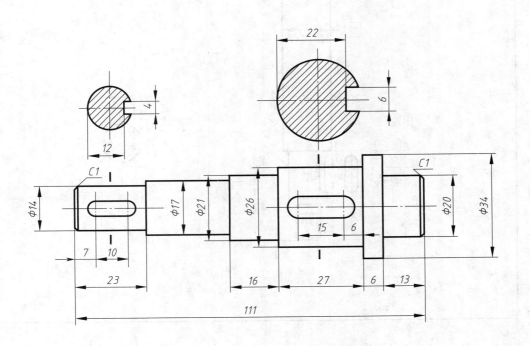

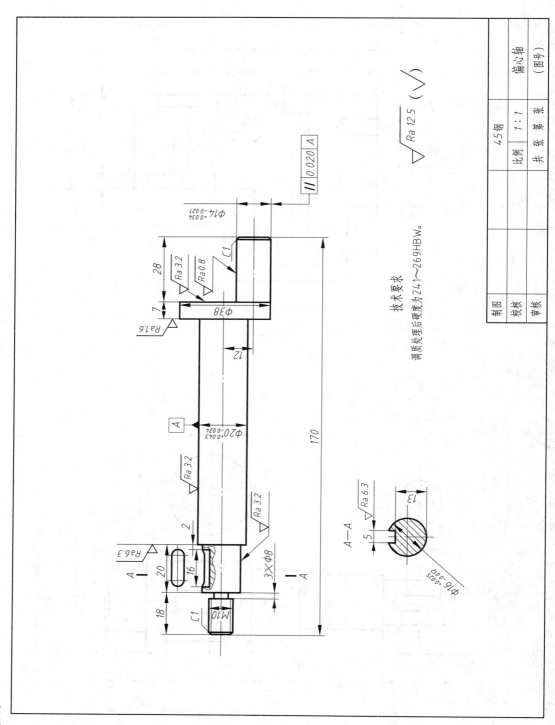

技术要求

调质处理后硬度为241~269HBW。

$\sqrt{Ra\,12.5}$ (√)

	偏心轴
	(图号)
45钢	比例 1:1
	共 张 第 张
制图	
校核	
审核	

绘制三视图

6—1 绘制三视图。

（1）

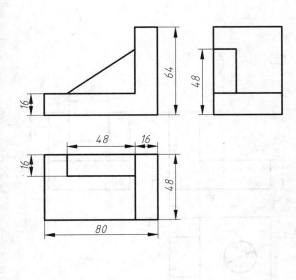

（2）

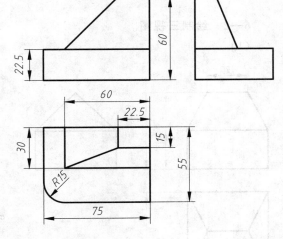

（3）

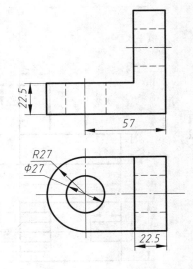

（4）

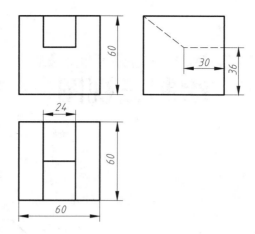

6—2 绘制三视图。

（1）

（2）

（3）

（4）

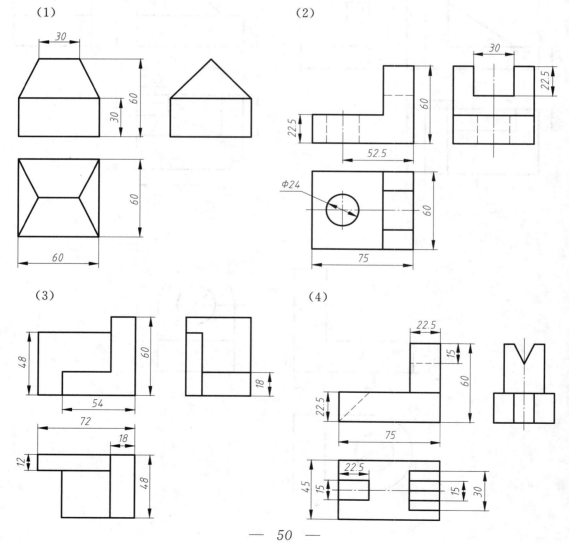

6—3 绘制三视图。

（1）

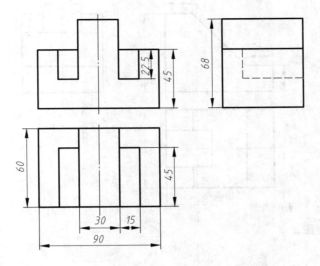

（2）

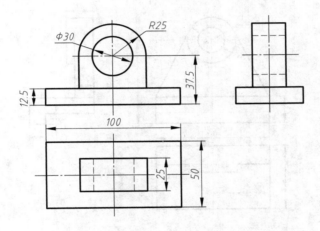

（3）

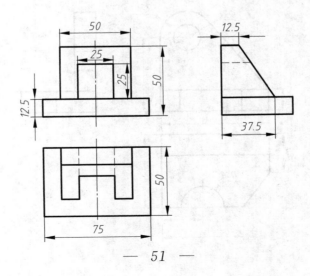

（4）

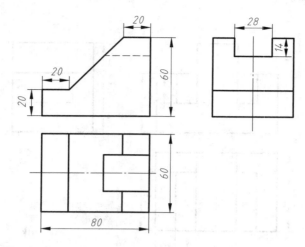

6—4 绘制三视图。

（1）

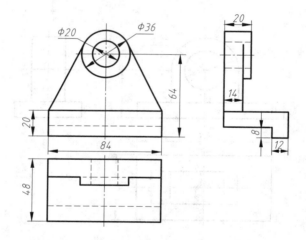

（2）

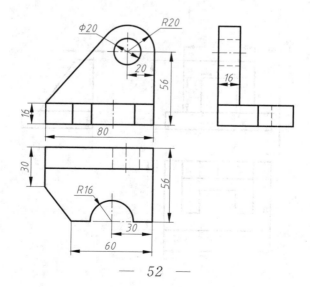

（3）

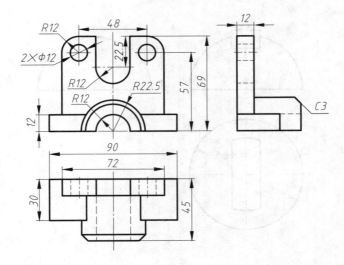

（4）

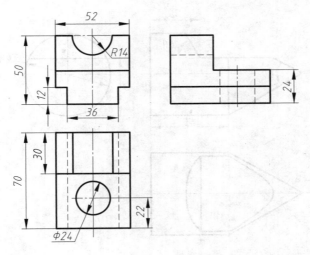

6—5 绘制三视图。

（1）

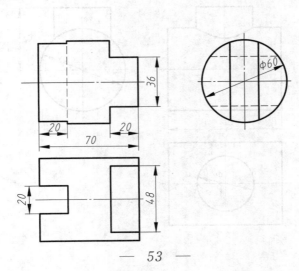

（2）

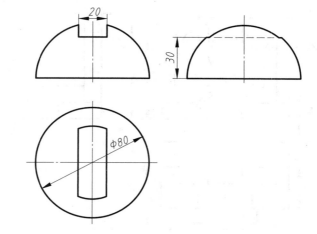

（3）

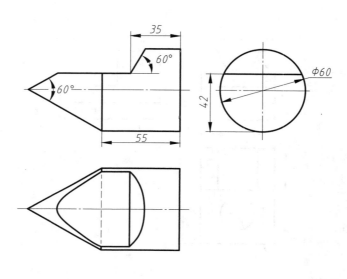

（4）

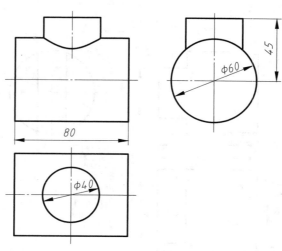

6—6 绘制三视图。

（1）

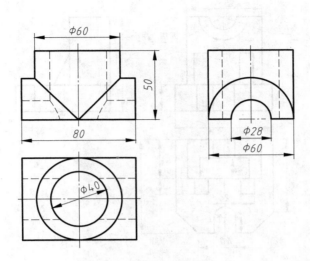

（2）

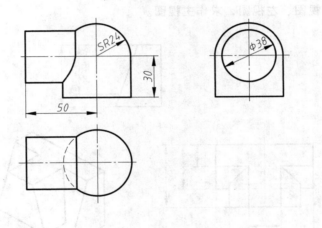

（3）

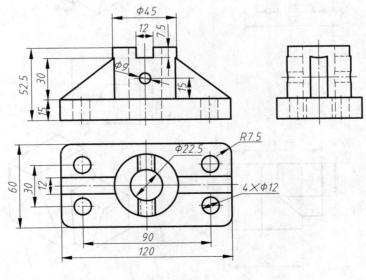

（4）

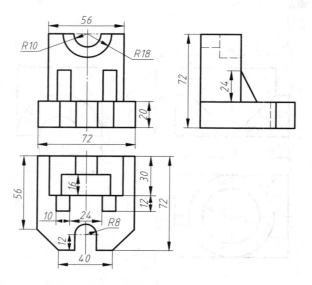

6—7 绘制俯视图、左视图，求作主视图。

（1）

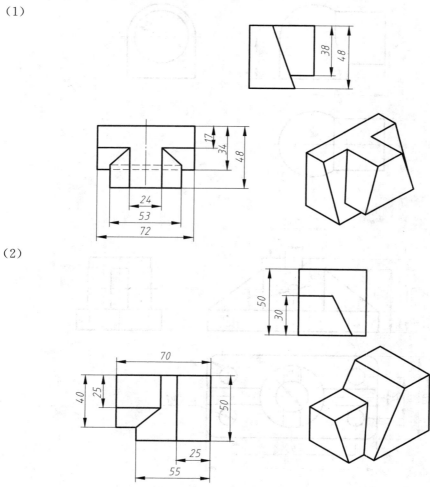

（2）

（3）

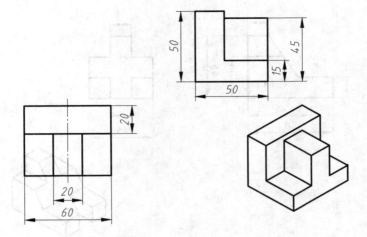

（4）

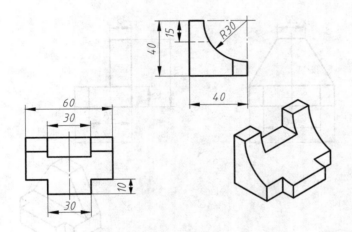

6—8　绘制主视图、左视图，求作俯视图。

（1）

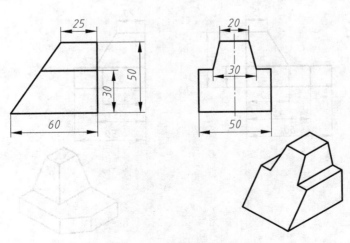

（2）

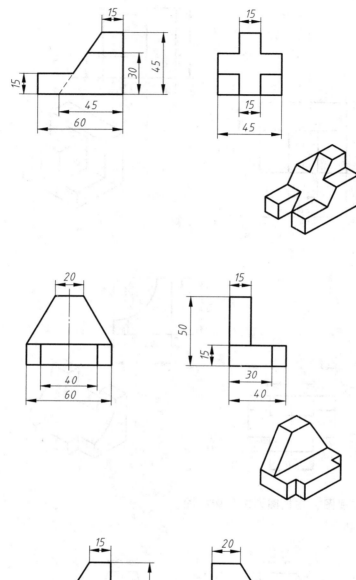

（3）

（4）

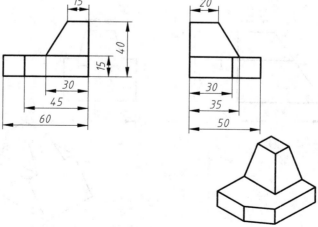

6—9 绘制主视图、左视图，求作俯视图。

（1）

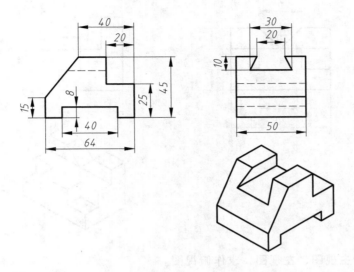

（2）

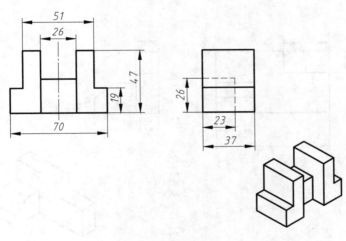

（3）

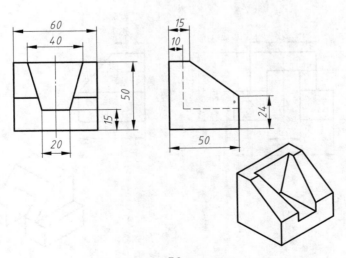

（4）

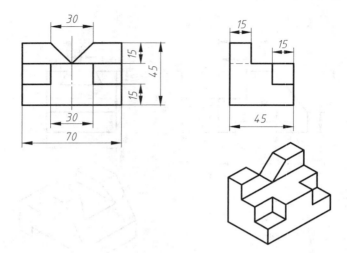

6—10 绘制主视图、左视图，求作俯视图。

（1）

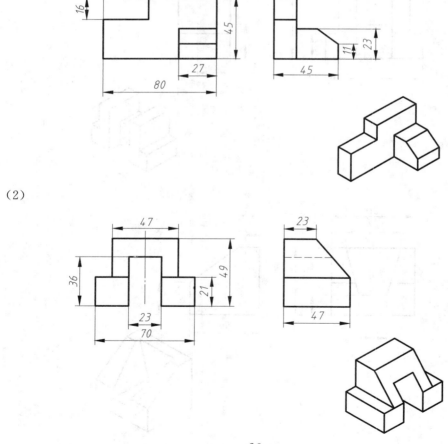

（2）

（3）

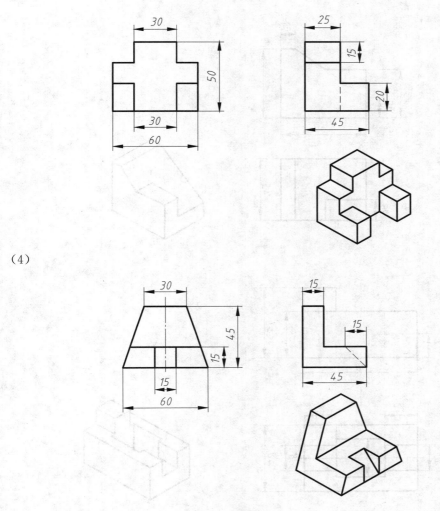

（4）

6—11 绘制主视图、俯视图，求作左视图。

（1）

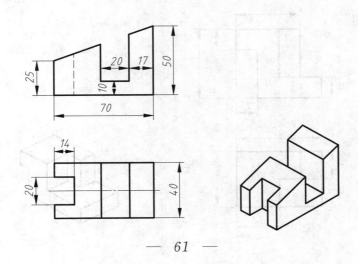

（2）

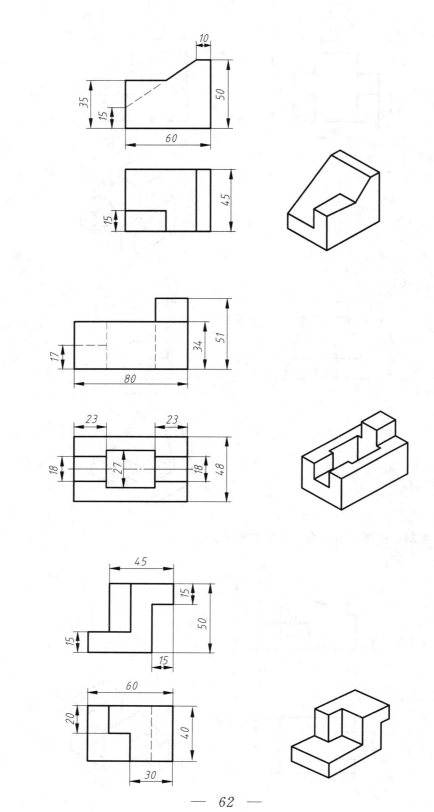

（3）

（4）

6—12 绘制主视图、俯视图，求作左视图。

（1）

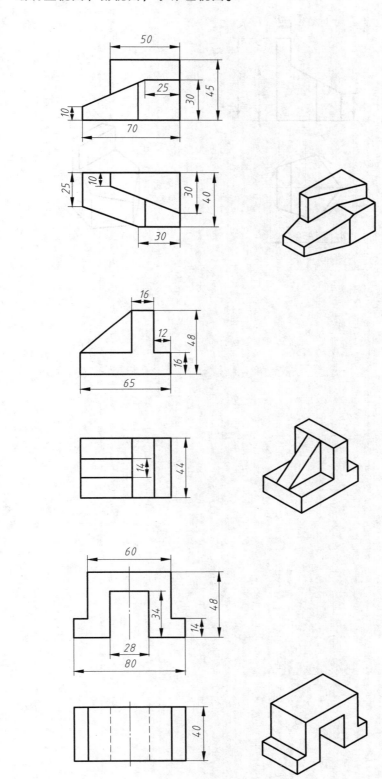

（2）

（3）

（4）

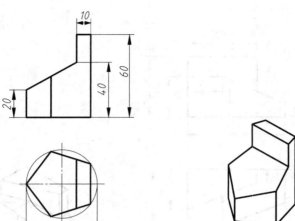

实训七

绘制轴测图

7—1 绘制正等轴测图。

（1）

（2）

（3）

（4）

— 65 —

7—2 绘制正等轴测图。

（1）

（2）

（3）

（4）

7—3 绘制正等轴测图。

（1）

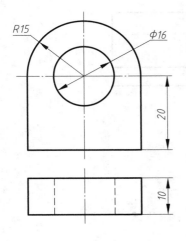

（2）

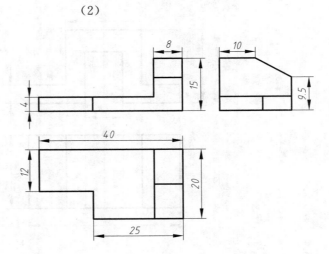

（3）

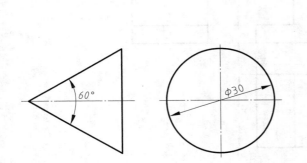

（4）

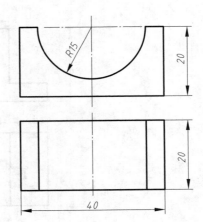

7—4 绘制正等轴测图。

（1）

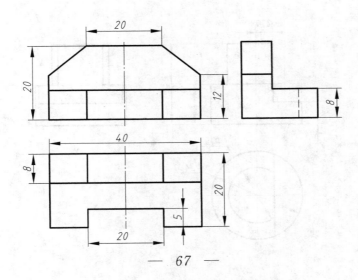

（2）

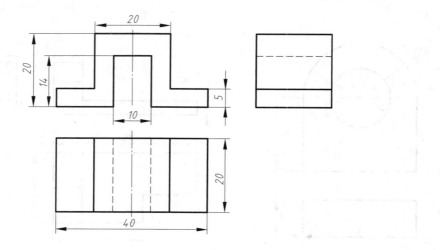

（3）

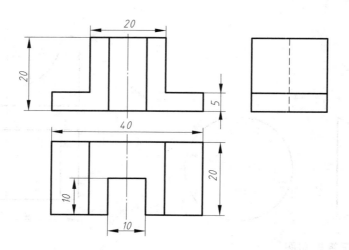

（4）

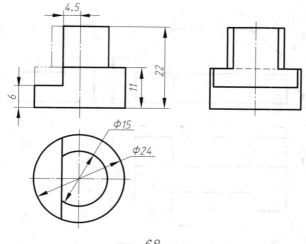

7—5 绘制斜二轴测图。

（1）   （2）   （3）

（4）

7—6 绘制斜二轴测图。

（1）   （2）

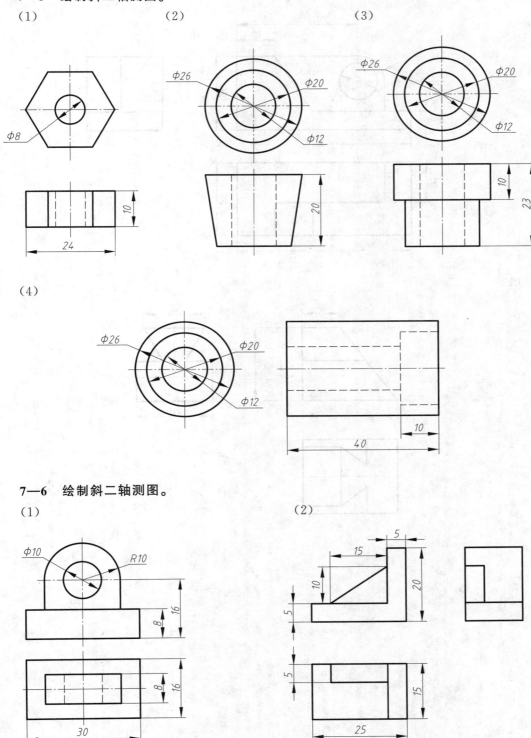

（3）

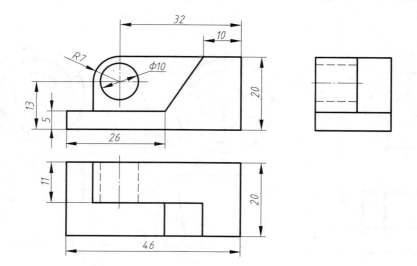

（4）

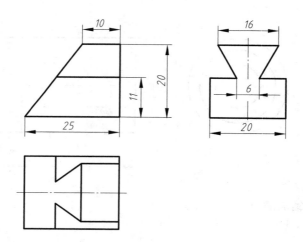

绘制剖视图与断面图

8—1 绘制剖视图。

（1）

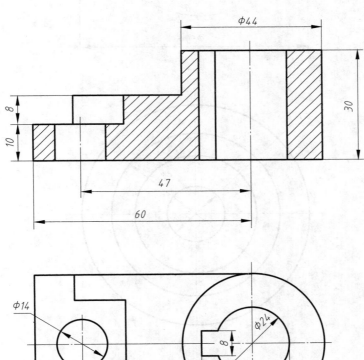

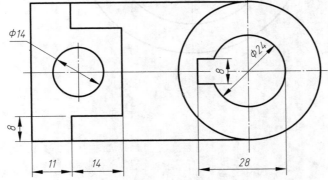

（2）

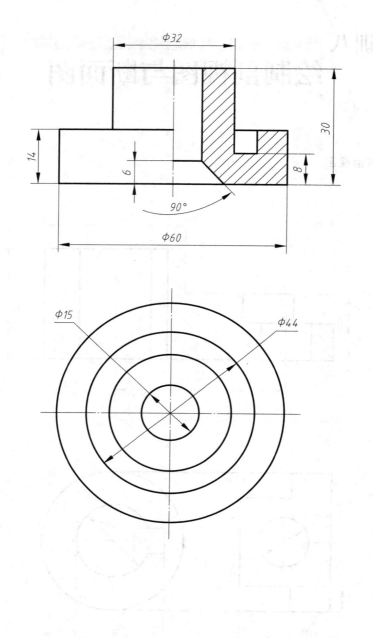

8—2 绘制剖视图。

（1）

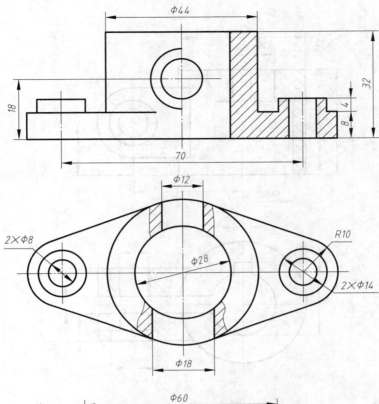

（2）

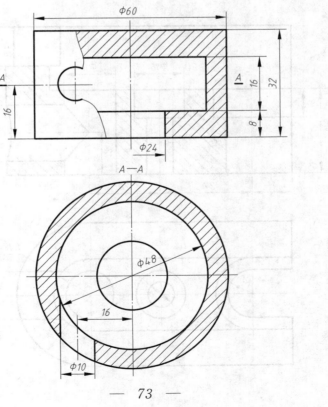

8—3 绘制剖视图。

（1）

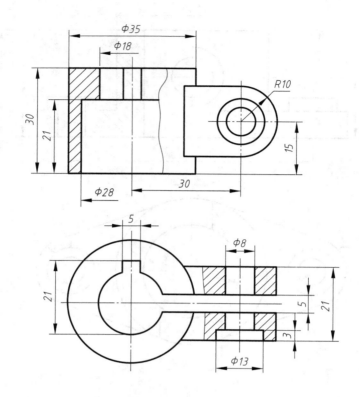

（2）

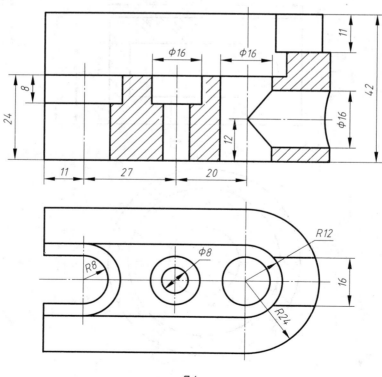

8—4 绘制剖视图。

（1）

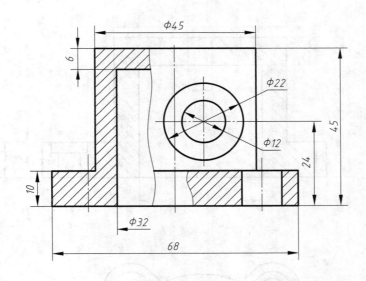

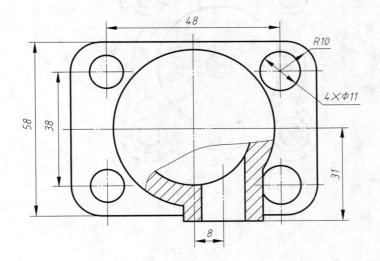

（2）

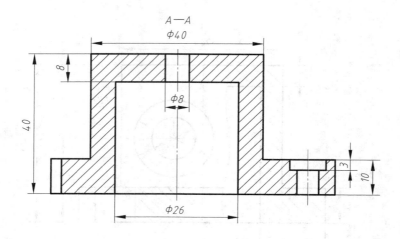

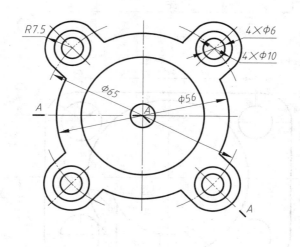

8—5 绘制剖视图。

（1）

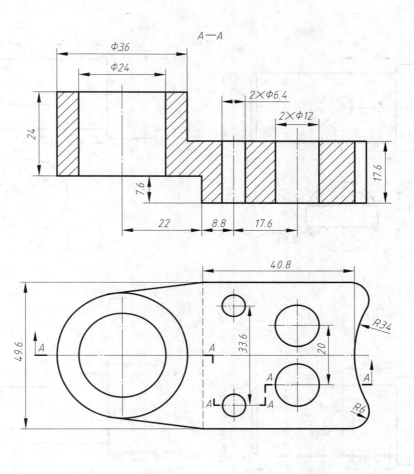

（2）

8—6 绘制断面图。

（1）

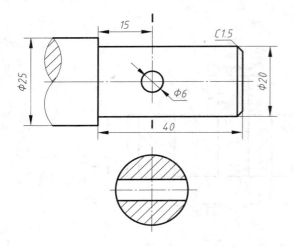

（2）

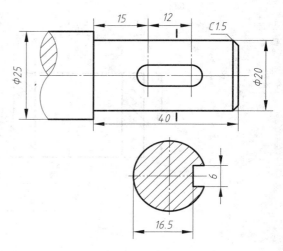

（3）

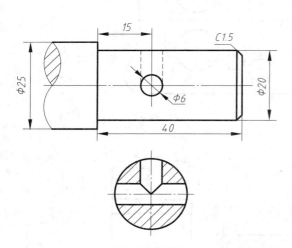

（4）

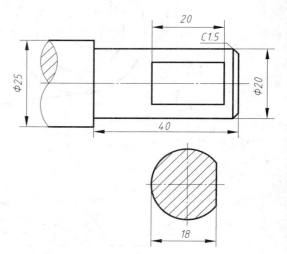

绘制零件图与装配图

实训九

9—1 绘制轴类零件图。

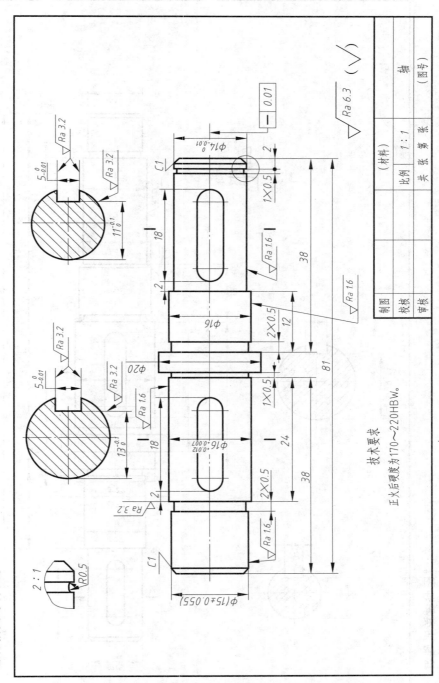

9—2 绘制轴类零件图。

技术要求

正火后硬度为170～220HBW。

$\sqrt{Ra\,6.3}$ （√）

制图				（材料）	
校核			比例	1：1	轴
审核			共 张	第 张	（图号）

9—3 绘制叉架类零件图。

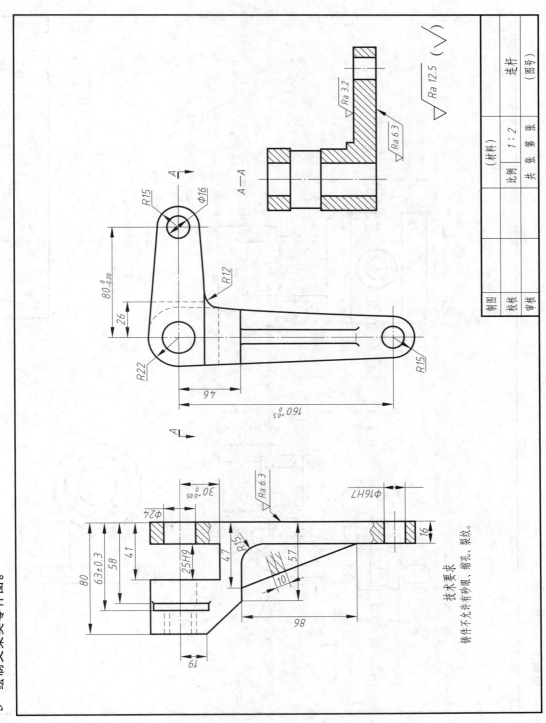

9—4 绘制叉架类零件图。

技术要求

1. 铸件不允许有砂眼、缩孔、裂纹。
2. 未注圆角为R3～5。

$\sqrt{Ra\,6.3}$ (√)

制图			(材料)		支架
校核			比例	1：2	
审核			共 张	第 张	(图号)

Ra 3.2

$\phi 27^{+0.021}_{0}$ $\phi 45$

A—A

$\phi 16H7$ $\phi 28$ C2

35 38 12 5

90° $\phi 4$

$\phi 30$ 10 6 9

3 8 5 R30 R30 4 12

C2

53 110 2 31 C2

$\phi 43$ R30 $\phi 60$ M42×2—6H

$\sqrt{Ra\,3.2}$

70 35

80 60

50 R10

4×M6—6H

38 40

— 82 —

9—5 绘制盘盖类零件图。

模数	m	2
齿数	z	77
压力角	α	20°
精度等级		
检验项目		

$\sqrt{Ra\,6.3}$ ($\sqrt{\ }$)

技术要求
1. 正火后硬度为170～210HBW。
2. 锐角倒钝，去毛刺。
3. 未注倒角为C2。

8×Φ20EQS

46

12 Φ40

Φ102

$\sqrt{Ra\,3.2}$

14

40

Φ62
Φ72
Φ132
Φ142
Φ158

制图		年 月 日	45钢	齿轮
校核			比例 1:1	(图号)
审核			共 张 第 张	

— 83 —

9—6 绘制盘盖类零件图。

技术要求
1. 未注倒角为C1。
2. 未注圆角为R3~5。

制图				(材料)		座体
校核			比例	1:2		
审核			共 张 第 张			(图号)

√(√)

9—7 绘制箱壳类零件图。

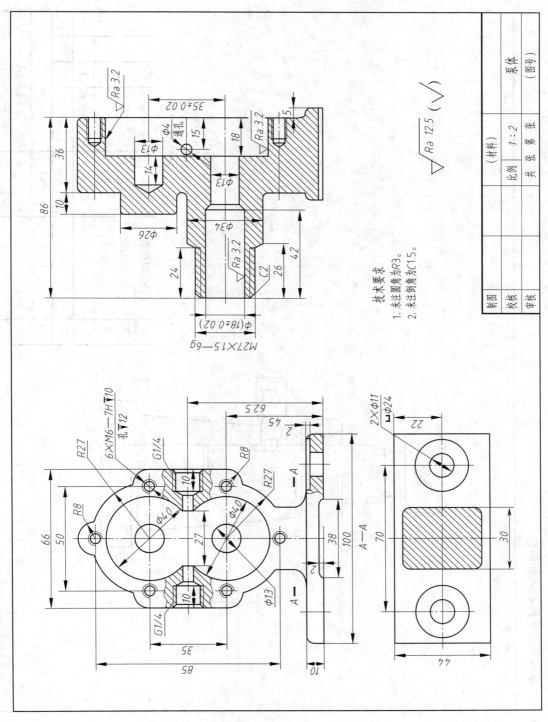

9—8 绘制可调支座的装配图。

4	LX001.004	螺杆		20	1	
3	LX001.003	紧固螺钉		20	1	
2	LX001.002	调节螺母		20	1	
1	LX001.001	支座	ZG230—450	1		
序号	图号或标准号	名称及规格	材料	数量	质量	备注
制图				可调支座		
校核		比例 1:2				
审核		共5张 第1张		LX001.000		

可调行程 L=140~200

— 86 —

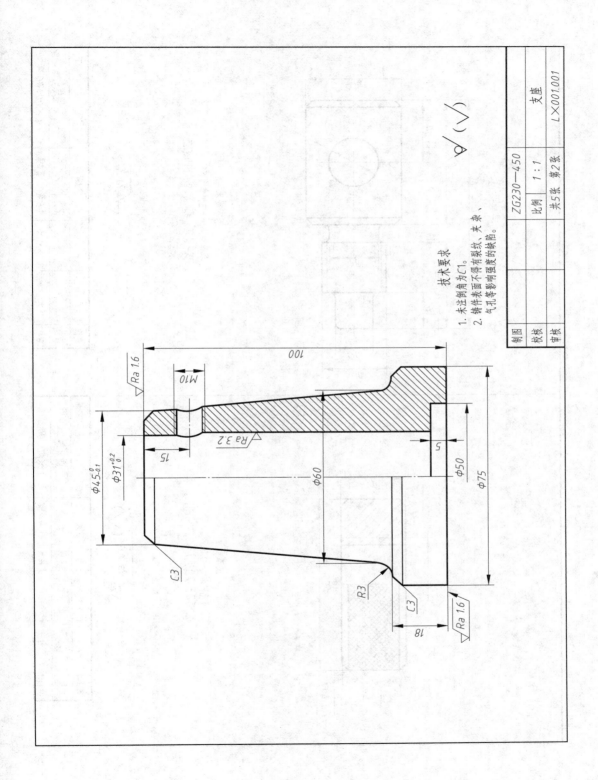

技术要求

1. 未注倒角为C1。
2. 铸件表面不得有裂纹、夹杂、气孔等影响强度的缺陷。

$\sqrt{}$ ($\sqrt{}$)

制图			ZG230—450	支座
校核			比例 1：1	
审核			共5张 第2张	L×001.001

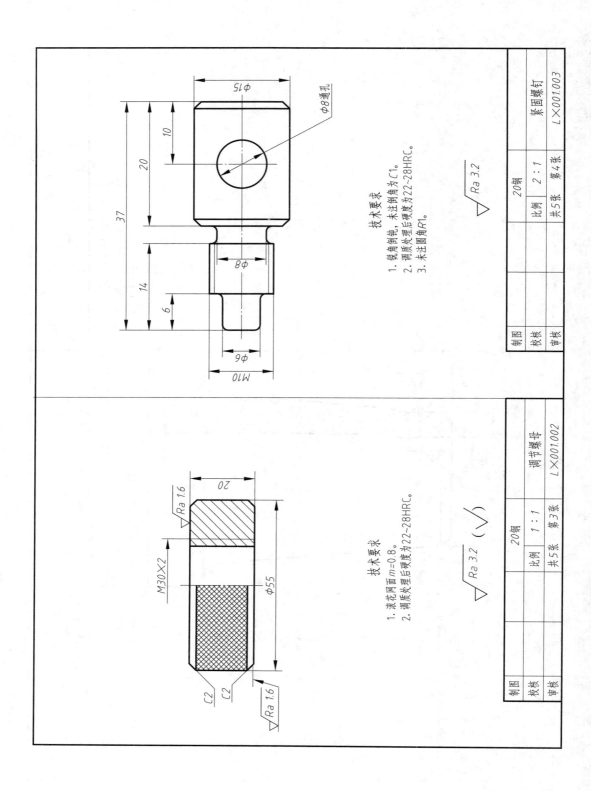

技术要求

1. 锐角倒钝，未注倒角为C1。
2. 调质处理后硬度为22~28HRC。
3. 未注圆角R1。

$\sqrt{Ra\,3.2}$

φ15

φ8通孔

10

20

37

8φ

14

6

φ6

M10

制图				紧固螺钉
校核		20钢	2:1	
审核		共5张	第4张	L×001.003

技术要求

1. 滚花网面m=0.8。
2. 调质处理后硬度为22~28HRC。

$\sqrt{Ra\,3.2}$ ($\sqrt{}$)

M30×2

Ra 1.6

20

φ55

C2

C2

Ra 1.6

制图				调节螺母
校核		20钢	1:1	
审核		共5张	第3张	L×001.002

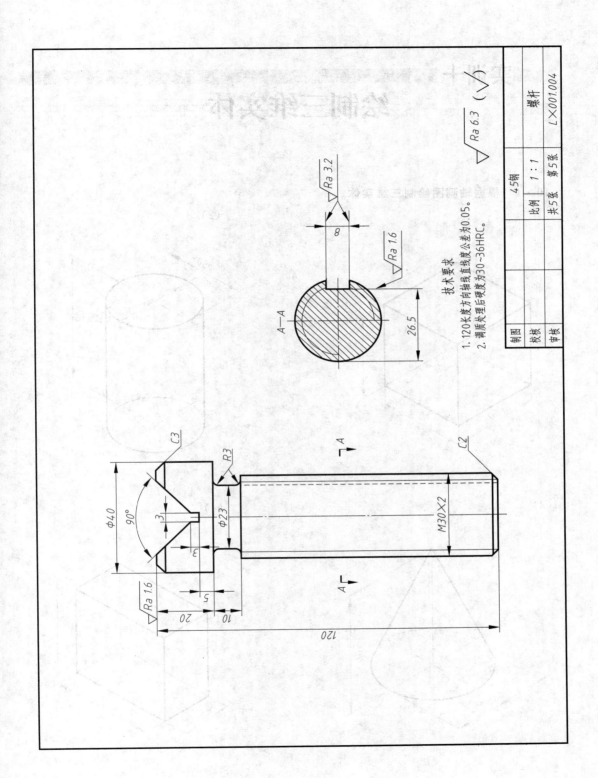

技术要求

1. 120长度方向上相互直线度公差为0.05。
2. 调质处理后硬度为30～36HRC。

制图		45钢	比例	1：1	螺杆
校核				共5张 第5张	
审核					L×001.004

$\sqrt{Ra\ 6.3}\ (\sqrt{\ })$

$\sqrt{Ra\ 3.2}$

$\sqrt{Ra\ 1.6}$

A—A

26.5

8

C3

R3

90°

Φ40

Φ23

3

3

M30×2

C2

$\sqrt{Ra\ 1.6}$

5

10

20

120

绘制三维实体

10—1 根据轴测图绘制三维实体。

（1）

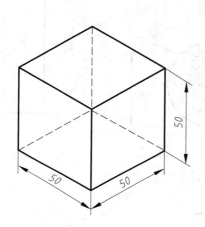

（2）

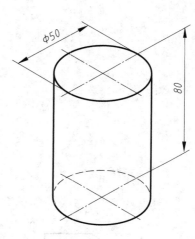

（3）

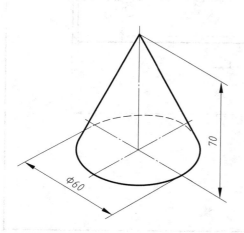

（4）

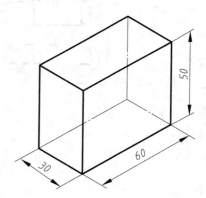

10—2 根据主视图和俯视图绘制三维实体。

（1）

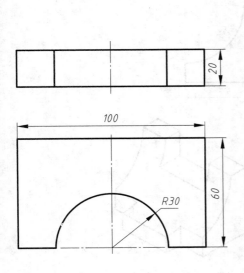

（2）

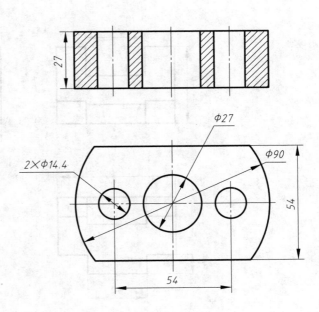

（3）

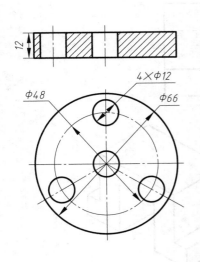

（4）

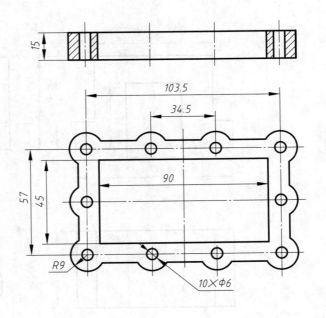

10—3 根据三视图和轴测图绘制三维实体。

（1）

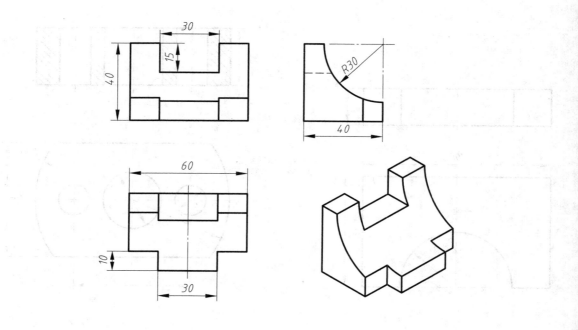

（2）

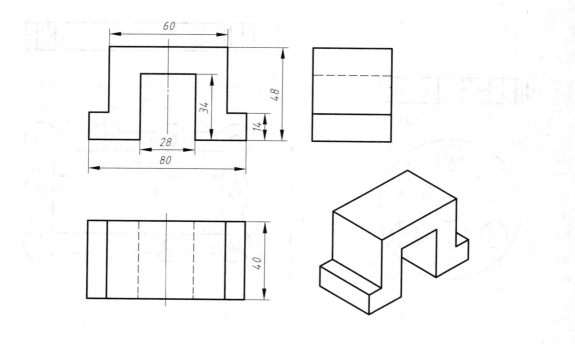

（3）

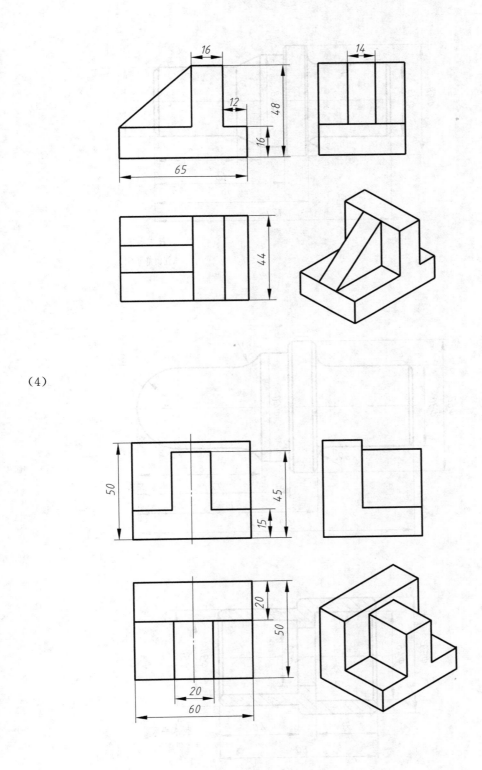

（4）

10—4 根据零件图绘制三维实体。

（1）

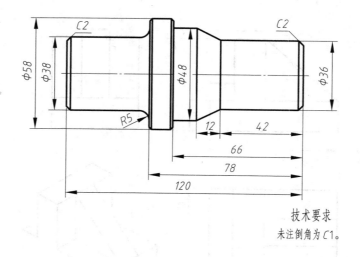

技术要求
未注倒角为C1。

（2）

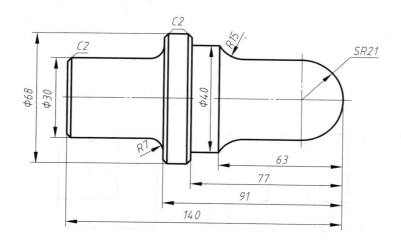

（3）

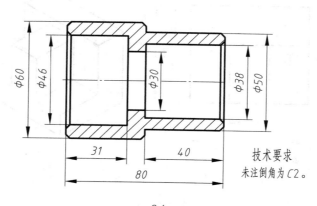

技术要求
未注倒角为C2。

（4）

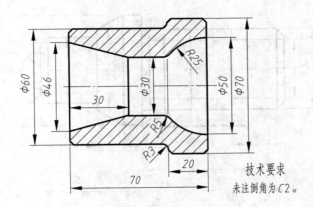

技术要求
未注倒角为C2。

10—5　根据零件图绘制三维实体。

（1）

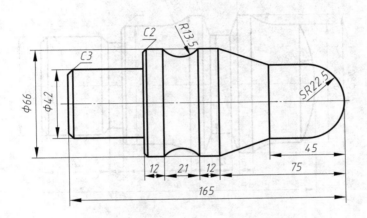

（2）

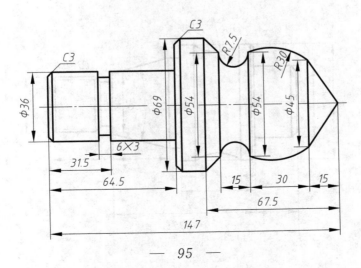

(3)

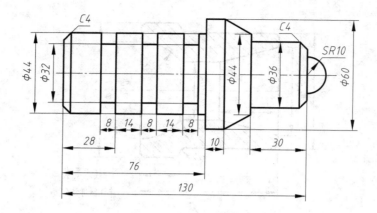

(4)

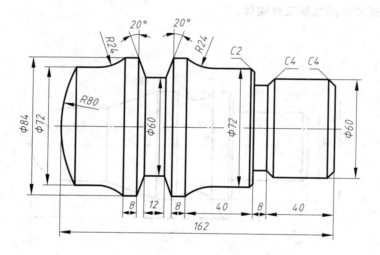

10—6 根据零件图绘制三维实体。

（1）

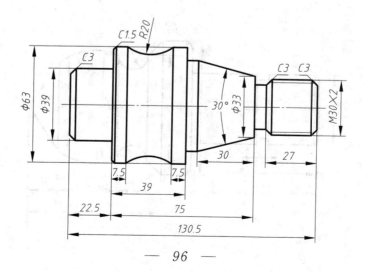

（2）

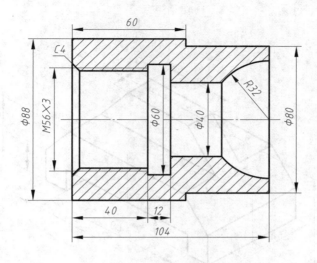

（3）

（4）

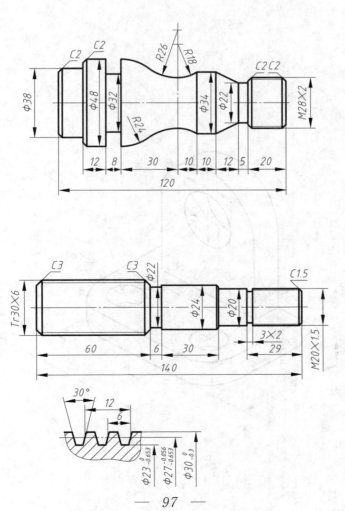

10—7 根据给定尺寸绘制图形。

（1）

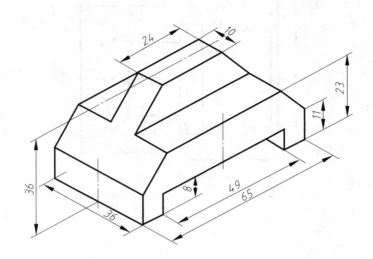

（2）

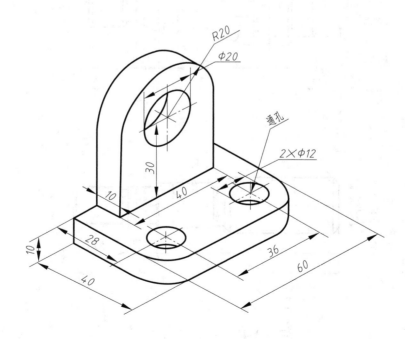

(3)

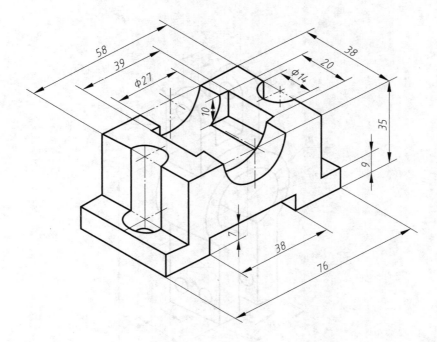

(4)

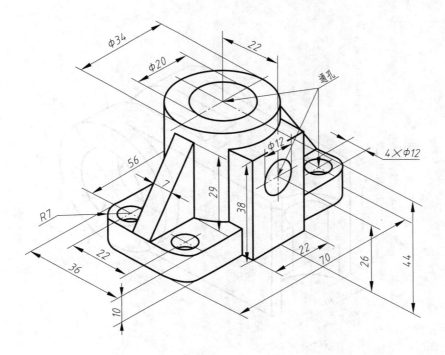

(5)

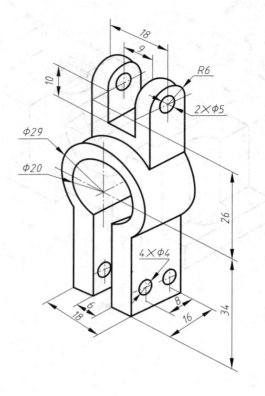

(6)

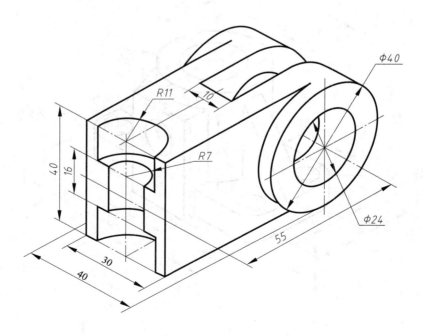

(7)

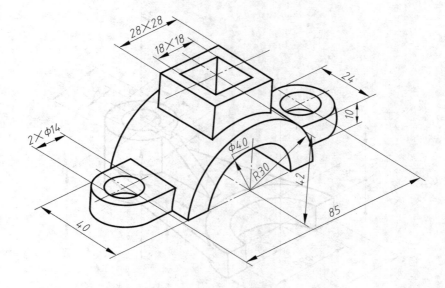

(8)

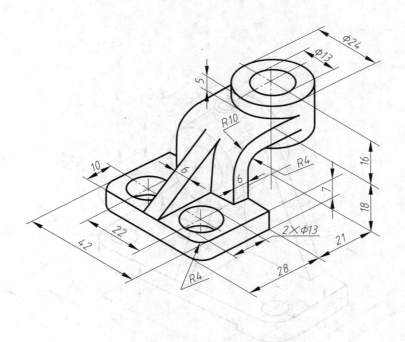

(9)

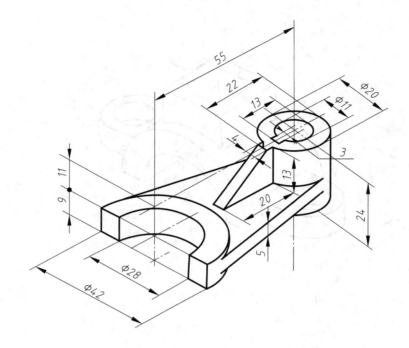

(10)

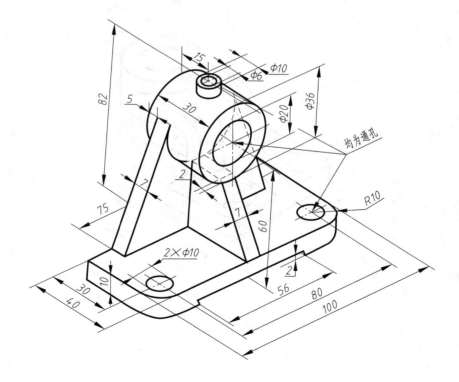

(11)

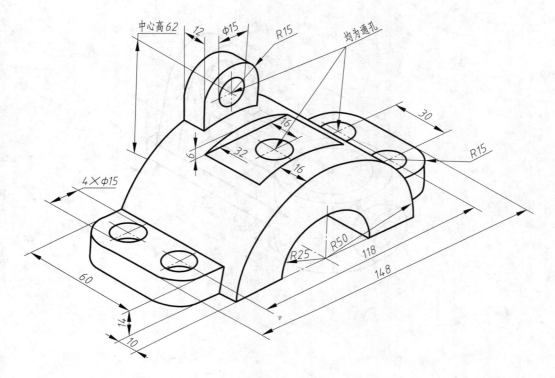

(12)

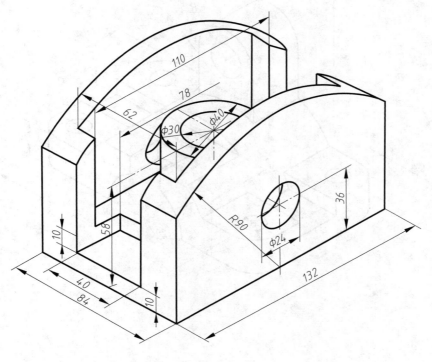

(13)

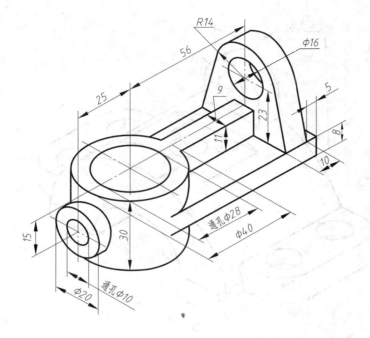

(14)

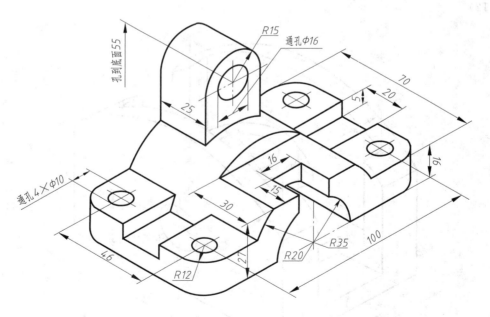

责任编辑／姜华平

责任校对／洪　娟

封面设计／揽胜视觉

责任设计／崔俊峰

ISBN 978-7-5167-3941-9

9 787516 739419 >

定价：13.00 元